BEI GRIN MACHT SICH IHR WISSEN BEZAHLT

- Wir veröffentlichen Ihre Hausarbeit,
  Bachelor- und Masterarbeit

- Ihr eigenes eBook und Buch -
  weltweit in allen wichtigen Shops

- Verdienen Sie an jedem Verkauf

Jetzt bei www.GRIN.com hochladen und kostenlos publizieren

Katrin Niemann

Stationslauf zum Thema "Strecke "

Ein Unterrichtsentwurf

GRIN Verlag

Bibliografische Information der Deutschen Nationalbibliothek:

Die Deutsche Bibliothek verzeichnet diese Publikation in der Deutschen National-
bibliografie; detaillierte bibliografische Daten sind im Internet über http://dnb.d-
nb.de/ abrufbar.

Impressum:

Copyright © 2005 GRIN Verlag GmbH
Druck und Bindung: Books on Demand GmbH, Norderstedt Germany
ISBN: 978-3-638-76382-0

Dieses Buch bei GRIN:

http://www.grin.com/de/e-book/46447/stationslauf-zum-thema-strecke

GRIN - Your knowledge has value

Der GRIN Verlag publiziert seit 1998 wissenschaftliche Arbeiten von Studenten, Hochschullehrern und anderen Akademikern als eBook und gedrucktes Buch. Die Verlagswebsite www.grin.com ist die ideale Plattform zur Veröffentlichung von Hausarbeiten, Abschlussarbeiten, wissenschaftlichen Aufsätzen, Dissertationen und Fachbüchern.

Besuchen Sie uns im Internet:

http://www.grin.com/

http://www.facebook.com/grincom

http://www.twitter.com/grin_com

Kurzlektion für den 28.09.2005

Lehramtsanwärterin:	Katrin Niemann
Seminarleiterin:	Frau D.
Studienleiterin SB:	Frau J.
Studienleiterin LB:	Frau H.
Schule:	SFZ *****
Mentorin:	Frau K.
Klasse:	3
Datum:	28.09.2005
Zeit:	8.40 – 9.25
Fach:	Mathematik/Geometrie
Thema der Stunde:	Wir arbeiten im Stationslauf
Stellung in der Stoffeinheit:	Festigung

Stellung der Stunde:
- Einführung: „Gerade" – „Strecke" – „Strahl": Geometrische Figuren in unserer Umwelt
- Festigung: „Anwendung *Gerade* im Stationsverfahren"
- **Festigung: „Anwendung *Strecke* im Stationsverfahren"**
- Festigung: „Anwendung *Strahl* im Stationsverfahren"
- Wiederholung/Festigung: „Anwendung *Gerade – Strecke – Strahl* im Stationsverfahren"

Inhaltsverzeichnis

1. Lehr- und Lernziele

1.1. Grobziel

- Die Begriffe „Gerade" und „Strecke" werden wiederholt und gefestigt. Der Schwerpunkt dieser Stunde liegt auf dem Begriff „Strecke". Die Schüler sollen erkennen, dass die Strecke im Gegensatz zur Gerade einen Anfangs- und Endpunkt hat und diese Erkenntnis im Stationsverfahren festigen.

1.2. Feinziele

Kognitive Ziele:

- Durch die Festigung des Merksatzes „Strecke" wird den Schülern bewusst, dass diese einen Anfangs- und Endpunkt hat. Die Rhythmisierung und Bewegung desselben erleichtern das Lernen (M., S., J.)
- Durch die Herstellung des Bezuges zum z.B. Stundenlauf wird den Schülern bewusst, dass geometrische Figuren überall in der unmittelbaren Umwelt zu finden sind. Die Verwendung der Begriffe kann dabei unterschiedlich ausfallen (Strecke ist im geometrischen Sinne nicht gleich Strecke).
- Es erfolgt der Transfer von der konkreten Anwendung auf die geometrische Ebene, so dass im Stationslernen der Begriff gefestigt werden kann (J., T., K., M.).

Sprachheilpädagogische Ziele:

- Durch einfache, kurze und knappe Formulierungen wird eine bessere Verständlichkeit erreicht. Durch Wiedergabe der Aufgabenstellungen der Stationen wird geprüft, in wieweit die Kinder diese verstanden haben (S., J., Ch., K.).
- Anregen von Satzbildung durch Satzmusterangebote in Form freien Sprechens im Gespräch/ beim Auswertungsgespräch zur Ergebnisdarstellung (alle, bes. Ch., P., J., S.)
- Sprechfreude durch Motivation anregen (D.).
- Selbständiges Erlesen von Aufgabenstellungen wird durch Knappheit und den Einsatz von Piktogrammen unterstützt (alle)

3

Sensomotorische Ziele:

- Förderung der auditiven Wahrnehmung durch akustische Signale, z.B. Beginn und Ende des Stationslaufes (alle, bes. Ch., K., P. und D.)
- Förderung der Körperwahrnehmung durch Rhythmisierung des Merksatzes (z.B. Klatschen) während der Festigung des Merksatzes (bes. P. und Ch.)
- Schulung der Fein- und Grobmotorik sowie der Auge – Hand - Koordination durch das Handtieren mit Lineal, Bleistift, Füller, etc. (bes. P., Ch., Franzi, J.)
- Durch das Anlegen von Handgelenksmanschetten während des Schreibens und Zeichnens bei P. und S. wird versucht, die Schreibhaltung zu verbessern.
- Ziel ist es, dass die saubere und sorgfältige Anwendung des Lineals und Bleistift für den Geometrieunterricht unabdingbar ist. Es wird versucht, sauber und genau zu zeichnen (bes. P., S., T. und J.)

Soziale Ziele:

- Anregung der Lernfreude und Motivation durch den Einstieg (alle, bes. K., Ch., D., P.)
- Förderung gegenseitiger Rücksichtnahme beim Stationslernen (bes. Ch., I. und P.)
- Aufrechterhaltung der Motivation und Steigerung des Selbstwertgefühls durch das Lösen des Rätsels auf dem Laufzettel. Für jede erfüllte Station dürfen sich die Kinder Buchstaben bzw. –verbindungen auf die dafür vorgesehene Stelle des LZ kleben. Am Ende entsteht das Wort SUPER!, welches sie selbständig erlesen können (alle, bes. K., D., S.)

Diagnostische Absichten:

- Gelingt es, Ch. durch individuelle Zuwendung bzw. Betreuung am Unterrichtsgeschehen zu beteiligen?
- Wird es J., S., T. und P. gelingen, mit Lineal und Bleistift eine Strecke zu zeichnen?

2. Bedingungsanalyse

2.1. Beschreibung der Lerngruppe hinsichtlich der Stunde

In dieser Klasse lernen zurzeit 11 Kinder -3 Mädchen und 8 Jungen. Nach den Sommerferien haben wir V. in der Klasse begrüßt. Besonders die Mädchen nahmen sie schnell an, da sie als Mädchen in der Klasse in Unterzahl vertreten sind. V. ist ein aufgeschlossenes und freundliches Mädchen, welches sich gern am Unterricht beteiligt.

Dass Klima in der Klasse ist zurzeit sehr angespannt. Die Umgangsformen sind rauer geworden. Fäkalsprache und aggressives Verhalten ist besonders bei Ch. und P. zu beobachten. P. spuckt derzeit wieder die Mitschüler an, was ihm auch auf dem Pausenhof Ärger einbringt.

Ch. zeigt erste schulaversive Verhaltensweisen. In Gesprächen zeigt er sich unbeeindruckt dessen, was ihm Mitschüler, andere Schüler und Lehrer hinsichtlich seines aggressiven verbalen und nonverbalen Verhaltens in der Klasse und auch in den Pausen zu sagen versuchen. Auch Methodenwechsel und Extraaufgaben beeindrucken ihn nicht. Dadurch wird auch das Unterrichtsgeschehen sichtlich belastet.

D. hat in Klasse Anschluss gefunden, wird akzeptiert und gemocht. Er wurde freundlich von allen aufgenommen.

Insgesamt lässt sich aber feststellen, dass ein freundschaftlicher Zusammenhalt in der Klasse besteht.

Im Stundenplan haben sich Änderungen hinsichtlich der Lehrpersonen ergeben. Der Musik-, Zeichen- und Werkunterricht wird von Fachlehrern gegeben. Das führte bei den Schülern anfangs zu Verwirrungen. Mittlerweile haben sich die Schüler daran gewöhnt.

Die allgemeine Unruhe in der Klasse lässt sich eventuell auf die derzeit freien Tage zurückführen und mit der daraus resultierenden fehlenden Kontinuität des Wochenablaufs erklären.

2.2 Individuelle Lernvoraussetzungen hinsichtlich der Stunde

M.

- o geb. am 29.03.1997
- o Einschulung 2003 in Klasse 1 der allgemeinen Förderschule ***

Sprache	<u>Syntaktisch – morphologische Ebene</u> o Probleme bei der Komparation der Adjektive o fehlerhafte Pluralbildung (Endungen) o leicht dysgrammatisch sprechend beim freien Erzählen (Pronomen, <u>Semantisch – lexikalische Ebene</u> o Wortschatz nicht altersgemäß entwickelt, jedoch nicht gravierend auffallend <u>Pragmatisch – kommunikative Ebene</u> o Erzählfreude (sehr phantasievoll)
Förderung	• *Erzählfreude durch Schaffen von Sprechanlässen fördern bzw. aufrecht erhalten* • *Fehler auf der syntaktisch – morphologischen Ebene durch korrektives Feedback bewusst machen und korrigieren / korrigieren lassen* • *Spiele bzw. Anregungen zur Wortschatzerweiterung anbieten*
Lern- und Arbeitsverhalten	o Freude an gestalterischen Tätigkeiten (Zeichnen, Basteln) o leicht ablenkbar, kurze Aufmerksamkeitsspanne o kann selbständig arbeiten, aber langsames Arbeitstempo o eingeschränktes Aufgabenverständnis o arbeitet sorgfältig und sauber o Umgang mit Bleistift und Lineal unsicher
Förderung	• *Verstehenssicherungen durch z.B. Aufgabenwiederholungen einbauen; kleinschrittiges Vorgehen bei der Gestaltung von Lernsituationen* • *Selbständigkeit durch spezielle Arbeitsaufträge fördern bzw. aufrecht erhalten*

Sozial – emotionales Verhalten	○ freundlich und aufgeschlossener Schüler
Förderung	● *durch Lob, Motivation und eine entspannte Lernatmosphäre wird eine Aufrechterhaltung der Lernfreude gewährleistet*
Wahrnehmung / Motorik	○ Grobmotorik auffällig (Ganzkörperkoordination) ○ Rhythmisch und melodische Differenzierungsschwäche
Förderung	● *Spiele zur rhythmischen und melodischen Förderung im Musik- und / bzw. Sportunterricht* ● *Psychomotorische Übungen zur Schulung der Körperwahrnehmung (taktil, kinästhetisch, etc.) einsetzbar in allen Unterrichtsfächern*
Kognition	○ Denkoperationen auf der Basis konkreter Anschauung und gegenständlich praktischen Handelns ○ Probleme im schlussfolgernden und rechnerischen Denken / Transfervermögen ○ kurze Aufmerksamkeitsspanne ○ mangelnde Konzentrationsfähigkeit ○ eingeschränkte Merkfähigkeit
Förderung	● *Übungen zur Konzentrationsförderung (alle Fächer)* ● *Entspannungsmomente durch z.B. autogenes Training schaffen, um die Konzentration und Aufmerksamkeit zu fördern bzw. die Aufmerksamkeitsspanne zu verlängern*

7

I.

- o geb. 22.04.1997
- o Einschulung 2003 in die 1. Klasse der allgemeinen Förderschule ***
- o Sprachförderung

Sprache	syntaktisch – morphologische Ebene
	  o Komparation der Adjektive
	  o Perfektbildung
	
	phonematisch – phonologische Ebene
	  o partielle Dyslalie im Inlaut: /z/, /tr/, /kn/; /ʔ
	
	pragmatisch – kommunikative Ebene
	  o geringe sprachliche Merkfähigkeit
	
	semantisch – lexikalische Ebene
	  o Wortschatz nicht altersgerecht
	  o Begriffsbildung eingeschränkt

Förderung	• *Spiele / Anregungen zur Wortschatzerweiterung und Begriffsbildung anbieten* • *korrektives Feedback auf der syntaktisch – morphologischen sowie phonematisch – phonologischen Ebene geben (Korrektur / korrigieren lassen)*
Lern- und Arbeitsverhalten	o eingeschränktes Aufgabenverständnis o leicht ablenkbar, unkonzentriert
Förderung	• *Entspannungsmomente durch z.B. autogenes Training schaffen, um die Konzentration und Aufmerksamkeit zu fördern bzw. die Aufmerksamkeitsspanne zu verlängern* • *Verstehenssicherungen durch z.B. Aufgabenwiederholungen einbauen; Kleinschrittiges Vorgehen bei der Gestaltung von Lernsituationen* • *die Aufmerksamkeit mit Spannung am unterrichtsrelevanten Punkt festhalten (spielerisch, Spannungsbogen aufbauen / halten, etc.)*
Sozial – emotionales Verhalten	o freundlich und aufgeschlossen, bei allen beliebt o sehr hilfsbereit o steht gerne im Mittelpunkt; reagiert zuweilen nicht angemessen

Förderung	• durch Lob, Motivation und eine entspannte Lernatmosphäre wird eine Aufrechterhaltung der Lernfreude gewährleistet • durch die aufgestellten Verhaltensregeln in der Klasse soll unangepasstes und aggressives Verhalten gegenüber den Mitschülern und Lehrern unterbunden werden
Wahrnehmung / Motorik	○ auffällige Feinmotorik zeigt sich beim Zeichnen und Schreiben auf der Linie ○ optische Wahrnehmung im Bereich von Raum-Lage-Beziehungen eingeschränkt ○ Umgang mit Lineal und Bleistift unsicher
Förderung	• Förderung der visuellen Wahrnehmungsbereiche durch Aufgaben zur räumlichen Orientierung • Lernen mit allen Sinnen
Kognition	○ Denkoperationen auf der Basis konkreter Anschauung und gegenständlich praktischen Handelns ○ eingeschränkte Merk- und Konzentrationsfähigkeit
Förderung	• Übungen zur Konzentrationsförderung (alle Fächer)

9

Ch.
- geb. 22.02.1997
- Einschulung 2003 in die 1. Klasse der allgemeinen Förderschule ***
- kürzlich vom Phoniater festgestellt: Schwerhörigkeit, hat Hörgeräte, trägt sie aber nicht mehr
- Ergotherapie
- Sprachförderung

Sprache	<u>syntaktisch – morphologische Ebene</u> ○ Komparation der Adjektive ○ Pluralbildung ○ spricht stark dysgrammatisch (Syntax) <u>phonematisch – phonologische Ebene</u> ○ multiple Dyslalie im Inlaut: /r/,/ch$^{1/2}$/,/d/; Anlaut - alle Lautverbindungen mit /r/ nach Konsonanten, /kn/,/bl/,/fl/ ○ Paralalie: /l/ ersetzt andere Laute <u>semantisch – lexikalische Ebene</u> ○ Wortschatz nicht altersgerecht ○ Begriffsbildung eingeschränkt
Förderung	• *Einzelförderung notwendig: Artikulation, Morphologie/Syntax* • *korrektives Feedback auf allen Ebenen geben (Korrektur / korrigieren lassen)*
Lern- und Arbeitsverhalten	○ eingeschränktes Aufgabenverständnis ○ leicht ablenkbar ○ kurze Aufmerksamkeitsspanne, sehr konzentrationsschwach
Förderung	• *Wiederholung von Aufgabenstellungen zur Verstehenssicherung* • *Ent – bzw. Spannungsübungen zur Förderung der Konzentration und Aufmerksamkeit bzw. zur Körperwahrnehmung*
Sozial – emotionales Verhalten	○ introvertiert ○ nicht empathiefähig ○ mangelnde Impulskontrolle (aggressives Verhalten gegenüber Mitschülern– oft unabsichtlich)
Förderung	• *durch Lob, Motivation und eine entspannte Lernatmosphäre wird eine Aufrechterhaltung der Lernfreude gewährleistet* *durch die aufgestellten Verhaltensregeln in der Klasse soll unangepasstes und aggressives Verhalten gegenüber den Mitschülern und Lehrern unterbunden werden bzw. bewusst gemacht werden*

Wahrnehmung / Motorik	○ auffällige Feinmotorik zeigt sich beim Zeichnen und Schreiben auf der Linie
	○ Grobmotorik auffällig (steife Bewegungsabläufe)
	○ Umgang mit Lineal und Bleistift unsicher - Koordination
	○ optische Wahrnehmung im Bereich von Raum-Lage-Beziehungen eingeschränkt
Förderung	• *Ergotherapie*
	• *progressive Muskelentspannung (Wechsel zwischen An- und Entspannungsübungen) zur Förderung der Körperwahrnehmung und Sensibilisierung*
	• *Förderung im graphomotorischen Bereich*
	• *Übungen im visuellen Bereich zur räumlichen Orientierung durch z.B. Bildvergleiche, Ordnungsverhältnisse, etc.*
Kognition	○ Denkoperationen auf der Basis konkreter Anschauung und gegenständlich praktischen Handelns
	○ sehr konzentrationsschwach, kurze Aufmerksamkeitsspanne
	○ eingeschränkte Merkfähigkeit
Förderung	• *Übungen zur Konzentrationsförderung (alle Fächer)*
	• *Differenzierung im Anforderungsniveau in Qualität und Quantität*
	• *Förderung des Aufgabenverständnisses durch Aufgabenvariationen*
Leistungsstand Mathe	○ keine Probleme bei formalen Aufgaben bis 20 (auch Über- und Unterschreiten des Zehners)
	○ große Probleme bei nicht-formalen Aufgaben, wie Ergänzungs-, Umkehraufgaben, Rechenpuzzles, etc.
Förderung	• *Durchbrechen formaler Aufgabenstellungen (Aufgabenvarianten, etc.)*
	• *Motivation und Lob*

11

P.
- o geb. 29.09.1996
- o Einschulung 2003 in die 1. Klasse der allgemeinen Förderschule***
- o bekam kürzlich eine Brille, die er aber kaum trägt
- o Ergotherapie
- o Sprachförderung

Sprache	<u>Phonation / Respiration</u> o Schnappatmung o spricht gepresst <u>phonematisch – phonologische Ebene</u> o partielle Dyslalie: alle Lautverbindungen mit /k/ und /g/ im An-, In- und Auslaut betroffen <u>semantisch – lexikalische Ebene</u> o verhältnismäßig gut ausgeprägter Wortschatz o guter auditiver Merkspanne
Förderung	• *Einzelförderung: Arbeit an der Artikulation* • *korrektives Feedback auf der syntaktisch – morphologischen sowie phonematisch – phonologischen Ebene geben (Korrektur / korrigieren lassen*
Lern- und Arbeitsverhalten	o gutes Aufgabenverständnis (interessengebunden) o sehr leicht ablenkbar o gute Merkfähigkeit (Gedichte, Lieder, Reime, etc.)
Förderung	• *Ent- bzw. Anspannungsübungen zur Förderung der Konzentration und Aufmerksamkeit bzw. zur Körperwahrnehmung* • *Aufgabenvariation zur Förderung des Aufgabenverständnisses* • *Förderung der Selbständigkeit durch eigene Arbeitsaufträge bzw. Selbstkontrolle*
Sozial – emotionales Verhalten	o verfügt über Gerechtigkeitsempfinden o sehr empathiefähig, hilfsbereit o mangelnde Impulskontrolle (verbal-aggressiv; aggressives Verhalten gegenüber Mitschülern – oft unabsichtlich) o sucht die Nähe von Bezugspersonen
Förderung	• *durch Lob, Motivation und eine entspannte Lernatmosphäre wird eine Aufrechterhaltung der Lernfreude gewährleistet* • *durch die aufgestellten Verhaltensregeln in der Klasse soll unangepasstes und aggressives Verhalten gegenüber den Mitschülern und Lehrern unterbunden werden bzw. bewusst gemacht werden*

Wahrnehmung / Motorik	○ verkrampfte Schreibhaltung; stark eingeschränkte Feinmotorik ○ Umgang mit Lineal und Bleistift unsicher - Koordination ○ auffällige Grobmotorik: hyperaktive und teilweise unflüssige Bewegungsabläufe ○ Wahrnehmung leicht eingeschränkt im auditiven, taktil- kinästhetischen und optischen (räuml. Orient.) Bereich
Förderung	• *Ergotherapie* • *spielerisch Raum für Bewegung schaffen (alle Fächer)* • *progressive Muskelentspannung (Wechsel zwischen An- und Entspannungsübungen) zur Förderung der Körperwahrnehmung und Sensibilisierung* • *Förderung im graphomotorischen Bereich (Manschetten)* • *Übungen im visuellen Bereich zur räumlichen Orientierung durch z.B. Bildvergleiche, Ordnungsverhältnisse, etc.* • *Förderung der Feinmotorik*
Kognition	○ Denkoperationen auf der Basis konkreter Anschauung und gegenständlich praktischen Handelns ○ sehr konzentrationsschwach, geringe Aufmerksamkeitsspanne
Förderung	• *Übungen zur Konzentrationsförderung (alle Fächer)* • *Differenzierung im Anforderungsniveau in Qualität und Quantität* • *Schaffung von Entspannungsmomenten zur Steigerung der Konzentrationsfähigkeit*

13

J.

- geb. 01.04.1997
- Einschulung 2003 in die 1. Klasse der allgemeinen Förderschule ***
- Brillenträgerin
- Ergotherapie

Sprache	**Phonation** ○ spricht sehr leise **phonematisch – phonologische Ebene** ○ Paralalie: ersetzt /g/ durch /k/; /g/ durch /d/ ○ Artikulation undeutlich und verwaschen ○ partielle Dyslalie: Lautverbindungen /kn/ und /gl/ im Inlaut **semantisch – lexikalische Ebene** ○ fehlerhafte syntaktische Decodierung (geringes Sprachverständnis) ○ spricht sehr leise und undeutlich, wortweise ○ Wortfindungsstörungen **pragmatisch-kommunikative Ebene** ○ geringes Sprachverständnis ○ Sprachgedächtnis unterdurchschnittlich ○ beim Erzählen kaum logische Zusammenhänge; Auslassen wichtiger Details **syntaktisch-morphologische Ebene** ○ Artikel-, Pluralbildung; Komparation der Adjektive
Förderung	• *korrektives Feedback auf allen Ebenen* • *Spiele bzw. Anregungen zur Wortschatzerweiterung und zur Förderung des Sprachgedächtnisses anbieten* • *Einzelförderung mit dem Schwerpunkt Artikulation*
Lern- und Arbeitsverhalten	○ eingeschränktes Aufgabenverständnis, sehr leichtablenkbar ○ geringe Merkfähigkeit, kurze Aufmerksamkeitsspanne, konzentrationsschwach ○ *sehr langsames Arbeitstempo*
Förderung	• *Wiederholung von Aufgabenstellungen zur Verstehenssicherung* • *Ent– bzw. Anspannungsübungen zur Förderung der Konzentration und Aufmerksamkeit bzw. zur Körperwahrnehmung* • *Aufgabenvariation zur Förderung des Aufgabenverständnisses*

14

	• *Förderung der Selbständigkeit und des Selbstbewusstseins durch eigene Arbeitsaufträge bzw. Selbstkontrolle* • *ständiges Erinnern an die zu erledigenden Aufgabe (Arbeit mit der Stoppuhr)*
Sozial – emotionales Verhalten	○ ruhig, freundlich, anhänglich, hilfsbereit ○ braucht immer positive Bestätigung ihrer Handlungen, unselbständig
Förderung	• *Förderung der Selbständigkeit und des Selbstbewusstseins durch eigene Arbeitsaufträge bzw. Selbstkontrolle* • *Motivation und Lob*
Wahrnehmung / Motorik	○ auffällige Grob- und Feinmotorik: unflüssige Bewegungsabläufe, kaum Muskelspannung (hypoton) ○ Umgang mit Lineal und Bleistift sehr unsicher – Koordination und Graphomotorik betreffend ○ Wahrnehmung eingeschränkt im auditiven, taktil-kinästhetischen, rhythmisch-melodischen und optischen (räuml. Orient.) Bereich
Förderung	• *progressive Muskelentspannung bzw. Übungen zum Spannungsaufbau und Sensibilisierungstraining zur Körperwahrnehmung / kräftigung* • *Übungen im visuellen Bereich zur räumlichen Orientierung durch z.B. Bildvergleiche, Ordnungsverhältnisse, etc.* • *Förderung der Feinmotorik*
Kognition	○ Denkoperationen auf der Basis konkreter Anschauung und gegenständlich praktischen Handelns ○ konzentrationsschwach, ablenkbar ○ geringe Merkfähigkeit
	• *Übungen zur Konzentrationsförderung (alle Fächer)* • *Differenzierung im Anforderungsniveau in Qualität und Quantität* • *Schaffung von Entspannungsmomenten zur Steigerung der Konzentrationsfähigkeit* • *Reduzierung des Anforderungsniveaus in Qualität und Quantität*

15

T.
- geb. 30.01.1997
- Einschulung 2003 in die 1. Klasse der allgemeinen Förderschule***

Sprache	semantisch – lexikalische Ebene ○ fehlerhafte syntaktische Decodierung (geringes Sprachverständnis) ○ geringer Wortschatz
Förderung	• *Erzählfreude durch Schaffen von Sprechanlässen fördern bzw. aufrecht erhalten* • *Spiele bzw. Anregungen zur Wortschatzerweiterung anbieten*
Lern- und Arbeitsverhalten	○ eingeschränktes Aufgabenverständnis ○ geringe Merkfähigkeit, konzentrationsschwach ○ arbeitet sauber und ordentlich - interessengebunden
Förderung	• *Verstehenssicherungen durch z.B. Aufgabenwiederholungen einbauen; Kleinschrittiges Vorgehen bei der Gestaltung von Lernsituationen* • *Selbständigkeit und Lernmotivation durch spezielle Arbeitsaufträge fördern bzw. aufrecht erhalten*
Sozial – emotionales Verhalten	○ ruhig, freundlich, aufgeschlossen und in der Klasse integriert, hilfsbereit ○ braucht immer positive Bestätigung seiner Handlungen
Förderung	• *durch Lob, Motivation und eine entspannte Lernatmosphäre wird eine Aufrechterhaltung der Lernfreude gewährleistet*
Wahrnehmung / Motorik	○ auffällige Grob- und Feinmotorik ○ Umgang mit Lineal und Bleistift unsicher - Koordination ○ Differenzierungsfähigkeit eingeschränkt im rhythmisch-melodischen, phonematischen und optischen Bereich
Förderung	• *Spiele zur rhythmischen und melodischen Förderung im Musik- und / bzw. Sportunterricht* • *Psychomotorische Übungen zur Schulung der Körperwahrnehmung (taktil, kinästhetisch, etc.) einsetzbar in allen Unterrichtsfächern*
Kognition	○ Denkoperationen auf der Basis konkreter Anschauung und gegenständlich praktischen Handelns ○ konzentrationsschwach
Förderung	• *Entspannungsmomente durch z.B. autogenes Training schaffen, um die Konzentration und Aufmerksamkeit zu fördern bzw. die Aufmerksamkeitsspanne zu verlängern* • *Reduzierung bzw. Anpassen des Anforderungsniveaus* • *Konzentrationsübungen*

S.

- o geb. 30.06.1996
- o Einschulung 2003 in die 1. Klasse der allgemeinen Förderschule ***
- o Linkshänder

Sprache	syntaktisch – morphologisch
	o Plural, Perfektbildung; Komparation der Adjektive (Superlativ); Flexion
Förderung	• Erzählfreude durch Schaffen von Sprechanlässen fördern bzw. aufrecht erhalten
	• Fehler auf der syntaktisch – morphologischen Ebene durch korrektives Feedback bewusst machen und korrigieren / korrigieren lassen
Lern- und Arbeitsverhalten	o eingeschränktes Aufgabenverständnis, geringe Merkfähigkeit
	o arbeitet größtenteils selbständig
	o Freude an gestalterischen Tätigkeiten
Förderung	• Verstehenssicherungen durch z.B. Aufgabenwiederholungen einbauen; Kleinschrittiges Vorgehen bei der Gestaltung von Lernsituationen
	• Selbständigkeit durch spezielle Arbeitsaufträge fördern bzw. aufrecht erhalten
Sozial – emotionales Verhalten	o ruhig, freundlich, aufgeschlossen und in der Klasse integriert, hilfsbereit
	o braucht immer positive Bestätigung seiner Handlungen
	o ausgeprägtes Gerechtigkeitsempfinden
Wahrnehmung / Motorik	o auffällige Grob- und Feinmotorik
	o Umgang mit Lineal und Bleistift sehr unsicher – Koordination und Graphomotorik betreffend
	o kaum Muskelspannung (hypoton)
	o Differenzierungsfähigkeit eingeschränkt im rhythmisch-melodischen, phonematischen und optischen Bereich
Förderung	• progressive Muskelentspannung bzw. Übungen zum Spannungsaufbau und Sensibilisierungstraining zur Körperwahrnehmung / - kräftigung
	• Übungen im visuellen Bereich zur räumlichen Orientierung durch z.B. Bildvergleiche, Ordnungsverhältnisse, etc.
	• Förderung der Feinmotorik

17

Kognition	o Denkoperationen auf der Basis konkreter Anschauung und gegenständlich praktischen Handelns o logische Zusammenhänge werden nicht erkannt, Denkvollzüge verlangsamt o konzentrationsschwach
Förderung	• *Entspannungsmomente durch z.B. autogenes Training schaffen, um die Konzentration und Aufmerksamkeit zu fördern bzw. die Aufmerksamkeitsspanne zu verlängern* • *Spiele zur Förderung von Konzentration und Aufmerksamkeit (alle Fächer)* • *Anpassen des Anforderungsniveaus*

K.
- geb. am
- Einschulung Oktober 2004 in die 2. Klasse der allgemeinen Förderschule in *** (war davor in der DFK)
- Linkshänder
- Brillenträger

Sprache	pragmatisch – kommunikative Ebene
	o poltert, wenn er sehr aufgeregt ist
Förderung	• *Entspannungsübungen* • *Atemschulung, ST.meinsatz*
Lern- und Arbeitsverhalten	o eingeschränktes Aufgabenverständnis o keine Anstrengungsbereitschaft o sehr verlangsamtes Arbeitstempo, wirkt oft verträumt und abwesend
Förderung	• *Verstehenssicherungen durch z.B. Aufgabenwiederholungen einbauen; Kleinschrittiges Vorgehen bei der Gestaltung von Lernsituationen* • *Motivation durch Lob / positive Verstärkung fördern; Erfolgserlebnisse schaffen*
Sozial – emotionales Verhalten	o ruhiger Schüler und in der Klasse gut aufgenommen o proviziert gern die Mitschüler o braucht immer positive Bestätigung seiner Handlungen und viel Motivation
Fördern	• *durch Lob, Motivation und eine entspannte Lernatmosphäre wird eine Förderung der Lernfreude gewährleistet* • *durch die aufgestellten Verhaltensregeln in der Klasse soll unangepasstes und aggressives Verhalten gegenüber den Mitschülern und Lehrern unterbunden werden bzw. bewusst gemacht werden*
Wahrnehmung / Motorik	o auffällige Grob- und Feinmotorik (hypoton) o Umgang mit Lineal und Bleistift sehr unsicher – Koordination o Differenzierungsfähigkeit eingeschränkt im rhythmisch-melodischen, phonematischen und optischen Bereich
	• *progressive Muskelentspannung bzw. Übungen zum Spannungsaufbau und Sensibilisierungstraining zur Körperwahrnehmung / - kräftigung* • *Spiele zur rhythmischen und melodischen Förderung im Musik- und / bzw. Sportunterricht* • *Förderung der Feinmotorik*

Kognition	○ Denkoperationen auf der Basis konkreter Anschauung und gegenständlich praktischen Handelns ○ konzentrationsschwach
Förderung	● *Entspannungsmomente durch z.B. autogenes Training schaffen, um die Konzentration und Aufmerksamkeit zu fördern bzw. die Aufmerksamkeitsspanne zu verlängern* ● *Spiele zur Förderung von Konzentration und Aufmerksamkeit (alle Fächer)* ● *Anpassen des Anforderungsniveaus*

D.

- o geb. am
- o seit Mitte Mai 2005 in der 3. Klasse der allgemeinen Förderschule in ***
- o operierte LKGS

Sprache	Phonetisch – phonologische Ebene ■ offenes Näseln die anderen Ebenen bisher unauffällig
Lern- und Arbeitsverhalten	o sehr konzentrationsschwach o sehr interessengebunden: arbeite schnell und sauber;ansonsten verweigert er auch die Arbeit o gibt sehr schnell auf (generell) o braucht individuelle Betreuung bei der Erledigung der Aufgaben (Motivation und Lob)
Förderung	*Verstehenssicherungen durch z.B. Aufgabenwiederholungen einbauen; Kleinschrittiges Vorgehen bei der Gestaltung von Lernsituationen* *Motivation durch Lob / positive Verstärkung fördern; Erfolgserlebnisse schaffen*
Sozial – emotionales Verhalten	o gut in der Klasse gut aufgenommen o braucht immer positive Bestätigung seiner Handlungen und viel Motivation o geringes Selbstwertgefühl wird durch Clownerie kompensiert
Förderung	*durch Lob, Motivation, eigene Arbeitsaufträge und eine entspannte Lernatmosphäre wird eine Förderung der Lernfreude gewährleistet* *durch die aufgestellten Verhaltensregeln in der Klasse soll unangepasstes Verhalten unterbunden bzw. bewusst gemacht werden* *Erfolgserlebnisse steigern sein Selbstbewusstsein* *unerwünsche Verhaltensweisen löschen, positive verstärken*
Wahrnehmung / Motorik	bisher unauffällig
Kognition	o Denkoperationen auf der Basis konkreter Anschauung und gegenständlich praktischen Handelns o konzentrationsschwach
Förderung	*spielerisch Raum für Bewegung schaffen (alle Fächer)* *Übung zur Konzentrationssteigerung (alle Fächer)*

V.

- o geb. am
- o seit Mitte September 2005 in der 3. Klasse der allgemeinen Förderschule in ***

Sprache	bisher unauffällig
Lern- und Arbeitsverhalten	o sehr konzentrationsschwach o resigniert schnell o braucht individuelle Betreuung bei der Erledigung der Aufgaben (Motivation und Lob)
Förderung	• *Motivation durch Lob / positive Verstärkung fördern; Erfolgserlebnisse schaffen*
Sozial – emotionales Verhalten	o gut in der Klasse gut aufgenommen o braucht immer positive Bestätigung seiner Handlungen und viel Motivation o sehr aufgewecktes mittelsames Mädchen
Förderung	• *durch Lob, Motivation, eigene Arbeitsaufträge und eine entspannte Lernatmosphäre wird eine Förderung der Lernfreude gewährleistet* • *Erfolgserlebnisse steigern sein Selbstbewusstsein* • *unerwünschte Verhaltensweisen löschen, positive verstärken*
Wahrnehmung / Motorik	bisher unauffällig
Kognition	o Denkoperationen auf der Basis konkreter Anschauung und gegenständlich praktischen Handelns o konzentrationsschwach
Förderung	• *spielerisch Raum für Bewegung schaffen (alle Fächer)* • *Übung zur Konzentrationssteigerung (alle Fächer)*

22

3. Verlaufsplanung

Zeit/ didakt. Fkt.	Lehrer – Schüler – Aktivität	Sozialform	sonderpädagogischer Kommentar	Medien
MO/Hinf. 5 - 8 min	**Hinführung** **L/S:** Kontrolle der Arbeitsmittel (Bleistift, Lineal, Radierer; Hefte) > Ablagen **L:** legt Folie auf und beginnt mit dem Resümee d. Std-Laufes; **S:** äußern sich frei **L:** lenkt d. Gspr. zum Begriff „Strecke"	gelenktes UGspr.	· Aufbauen eines Spannungsbogens und Motivierung durch die Einführungsfolie	Tafel, OHP;
ZO/MO 1 min	Wir messen und zeichnen Strecken **L:** gibt Überblick über d. Verlauf d.Std.: Wdh. „Gerade"; Unterschied „Gerade" - „Strecke"; Stationslernen (Rätsel)	Plenum	· die Piktogramme bieten Orientierungshilfe hinsichtlich des Std. -Ablaufs für die Schüler (K., Ch., P.)	Piktogramme
E 10 min	Gerade oder Strecke? **L:** lässt den Merksatz u. d. für d. „Gerade" wdh. und leitet zum Begriff „Strecke" über. **S:** nennen den Merksatz (einzeln; zusammen) „Bei der Strecke gibt es ja Anfangs- & Endpunkt - das ist klar."	gelenktes UGspr.	· Die Rhythmisierung des Merksatzes lässt sich leichter einprägen (S., J., T.) · Bewegungsanlass wird geschaffen (alle, bes. P.)	TB
antizip. VH.	· P. kennt den Merksatz vollständig · Chorsprechen des Merksatzes, bevor einzeln wdh. wird · J., S., T., K. haben große Probleme hinsichtlich auditiver Merkspanne und brauchen besonders die rhythm. Unterstützung			

Anw.a. Stationen 15 min	Zeichnen, Messen, Schätzen L: erklärt die einzelnen Stationen S: wdh. die Stationen L: lässt die S. losen, an welchen Tischen sie zuerst arbeiten sollen S: arbeiten an den Tischen. Bei Fragen od. Problemen setzen sie d. Namenklammern ein	Plenum Stillarbeit	· Mentorin & LAA unterstützen die Stationen, um zu viel Unruhe zu vermeiden (Ch., K.) · der Umgang mit Lineal u. Bleistift wird an **S2,3** geschult (S., P., T., J.) · Lernen des MS durch Schreiben (alle) – P. druckt (Vordruck) · Bewusstmachen, dass genau u sauber gearbeitet wird – Geom. ist eine genaue Wissenschaft · Einsatz der Namenklammern erinnern an die Regeln des Stationslernens & vermeidet zu viel Unruhe (M., V., P., Ch.)	*S1 - Merksatz (MS)* *S2 - Zeichne genau!* *S3 - Schätzen und Messen!*
antizip. VH.	· *K. lässt sich so sehr ablenken, dass er max. 1 Station erarbeiten wird; Probleme beim Aufgabenverständnis* · *D., M. und 1. arbeiten sauber und sind schnell fertig; Ch. arbeitet schnell, aber interessengebunden* · *Zeitpuffer sind eingeplant: D. und Michael, evtl. Ch. sind schnell fertig*			
A/Abschl. 10 min	<u>Welches Rätsel konnten wir lösen?</u> *(Auf d. S-Karten der Schüler entsteht d. Wort „**Super!**"; wenn d. Stationen geschafft worden sind).* **L/S**: bewerten d. Arbeitsklima **L**: lobt und bewertet d. Arbeit Einzelner **L**: erteilt HA u beendet d. Std.		· Motivation für die weitere Arbeit wird durch d. vollständige Stationsblatt aufrecht erhalten (alle, bes. J., D., K., T.) · Durch die Selbsteinschätzung wird d. Entwicklung des Selbstkonzeptes gefördert bzw. geschult (K., Ch., J.)	Tafel
antizip. VH.	· *K. hat die Arbeit nicht geschafft und wird andere dafür verantwortlich machen* · *Ch. kann sich nicht einschätzen* · *J. orientiert sich an anderen*			

24

4. Anhang

Laufzettel:

1.	2.	3.

Su	p	er!